▶ 괴테 & 우파루파

DH 인프라코어의 회장 아들로서 자신의 친구이자 동료인 우파루파를 위해 큰 위험을 감수하는 의리파 소년. 길거리에서 음악을 들려주는 버스킹을 하고 있다.

▶ 크레이지 베어

나투라 행성 리베리얼 포스 제7전대 소대장으로 귀여운 외모에 어울리지 않게 귀엽단 말을 싫어한다.

▶ 나으뜸 (초등학교 3학년)

대한민국 최고의 재벌 그룹인 SS그룹의 후계자로서 부잣집 아들. 이상한 성격, 이상한 취향, 이상한 자신감으로 똘똘 뭉쳐 있는 비호감 캐릭터.

▶ 티피 & 포사

어린 시절부터 마다가스카르에서 살아온 소녀. 동물들과 친하고 애완동물처럼 포사를 항상 데리고 다닌다.

지난 줄거리

미스터리한 사건의 연속인 탐정단. 어느 날 독일에서 온 의뢰인의 이메일을 받고 독일의 브란덴부르크 승리의 콰드리가로 출동한 셜록 일행! 의뢰인 괴테와 함께 지내는 외계인 우파루파의 실체를 알게 된다. 셜록 일행은 무언가 거대한 음모가 진행되고 있음을 느낀다. 그리고 DH인프라코어에서 발견한 섹터 7구역. 겹겹이 놓인 문제를 간신히 풀고 드디어 열리기 시작한 섹터 7구역, 문이 열림과 동시에 놀라는 레인저 셜록과 괴테. 과연 이들을 기다리고 있는 것은 무엇일까?

차례

수학 탐정 셜록

4권

이 만화의 주인공은 셜록입니다.
셜록은 역사상 가장 유명한 탐정소설 시리즈인
셜록 홈즈(Sherlock Holmes)에서 그 이름을 쓴 것이랍니다.
영국의 아서 코난 도일이 쓴 이 추리 소설은 영국을 무대로 한 흥미진진하고 스릴 넘치는 소설이며
처음 발간된 지 100년이 훨씬 더 지났지만 아직도 전 세계의 수많은 사람들이 읽고 있습니다.

셜록의 라이벌로 등장하는 의문의 우주 소년 루팡은 역시 홈즈와 같은 시대에 발표되어
인기를 누렸던 프랑스의 모험 추리 소설인 모리스 르블랑의 **아르센 뤼팽**(Arsène Lupin)에서 이름을
지었습니다. 재미있게도 셜록은 범인을 잡는 탐정이지만 루팡은 도둑입니다.
별명이 '괴도 루팡'인데 이것은 괴상한 도둑이란 뜻입니다.

이 만화에서 또 한 명의 유명 인사가 등장하는데 그녀가 바로 애거서입니다.
애거서는 위의 두 캐릭터처럼 소설 속의 등장 인물이 아닌 실제 소설가에서 이름을 빌려 왔습니다.
영국의 추리 소설 작가인 **애거서 크리스티**(Agatha Christie, 1890년~1976년)는
추리 소설의 여왕으로 존경 받고 있습니다. 그녀의 소설 속의 명탐정은 '에르퀼 푸아로'입니다.
셜록 홈즈 못지않은 실력의 명탐정이랍니다. 하지만 아쉽게도 이 만화에는 등장을 하지 않습니다.

자, 이 세 명의 주인공들이 펼치는 흥미진진하고
손에 땀을 쥐는 모험과 스릴의 세계로 떠나 볼까요?

등장 인물

▶ 셜록 (초등학교 3학년)

회를 거듭해 갈수록 셜록 특유의 냉철한 판단력과 관찰력을 잃어가고 있다. 그러나 새로운 무기인 액션 요요 덕분에 왠지 모를 자신감에 들떠 있는 상태. 뛰어난 추리력에 파워가 더해진 주인공이라고나 할까?

▶ 애거서 (초등학교 3학년)

스튜어트 박사의 외동딸. 열혈 소녀의 모든 것을 다 갖췄다. 탐정단의 리더가 자기라는 생각에 때론 무리한 행동도 일삼지만 절대 미워할 수 없는 캐릭터.

▶ 왓슨 (초등학교 3학년)

셜록의 단짝 친구. 셜록의 돌격형 성격을 보완해 주는 침착함과 깊은 사고력의 소유자. 너무나 완벽한 모범생 스타일이라는 게 흠.

▶ 루팡 & 이과인

우주 범죄자 크라이머를 쫓아 지구에 온 외계인들. 네비게이션X와 블랙박스Z로 변장해 셜록 일행과 함께 크라이머를 뒤쫓는 동시에 사건들을 해결해 나간다.

마다가스카르 섬의 비밀

우리의 일상생활 속에는 매우 많은 규칙들이 있습니다.
우리가 평상시 사용하는 물건이나 상품 속에서도 수많은 규칙을 찾을 수 있고, 벽지의 무늬나 건물에 새겨진 장식, 진열장에 놓인 물품 등에서도 규칙을 발견할 수 있습니다.
규칙이라는 것은 이처럼 우리의 일상생활과 동떨어진 것이 아니고 생활 속에 항상 존재하는 것입니다.
학생들이 규칙을 찾아보고 나름대로 규칙을 만들어 보는 활동은 수학적 재미를 느끼게 하며 더 나아가서는 일상생활에서 발생하는 문제를 해결하는 데 큰 도움을 줄 것입니다.

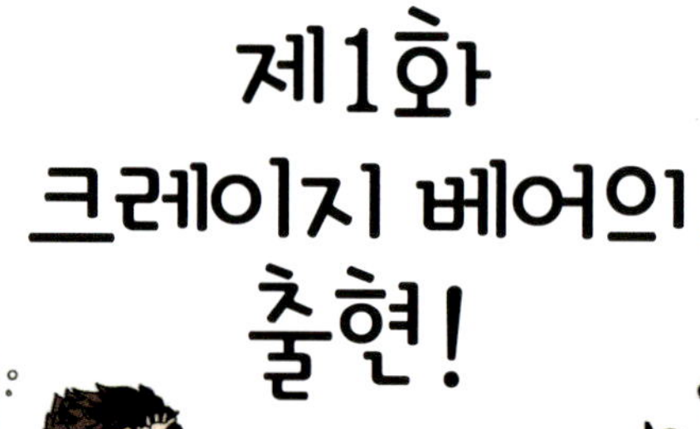

제1화
크레이지 베어의 출현!

저 녀석들을 당장 잡아!
타앗
네옛!!
아버지!!
크으윽!
척ー

따다
다닷
으아아앗!!
정면 돌파다!
꽈악
초전자 요요!!
파아앗

엇!
뭐지?
우파루파!! 위험해, 비켜!
우우웅
내가 해결해야 해! 우주선을 꼭 돌려 받아야 하거든!
팟-
스파!
우파루파 레이저!!!
9

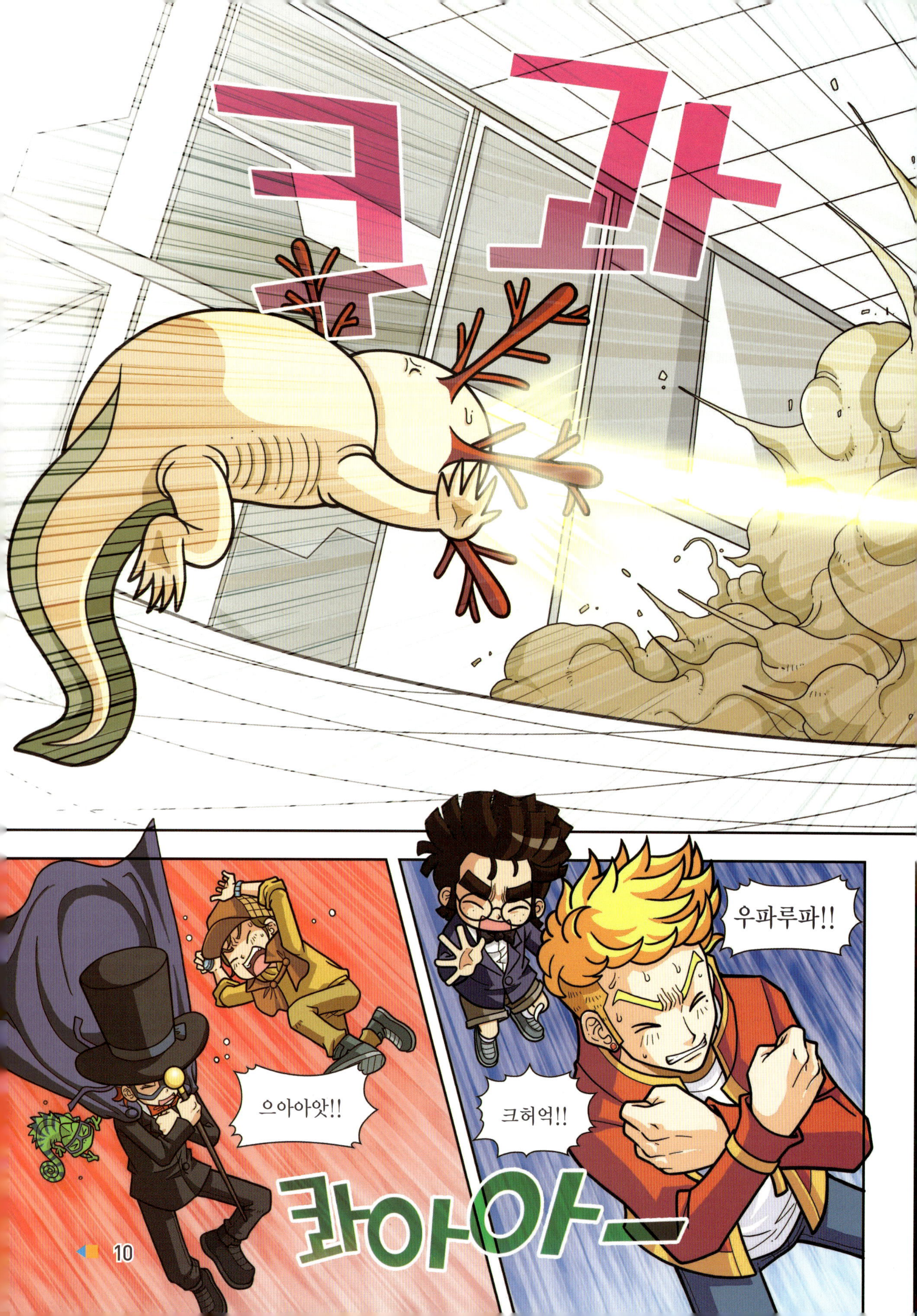

쿠과
우파루파!!
으아아앗!!
크허억!!
콰아아ー
10

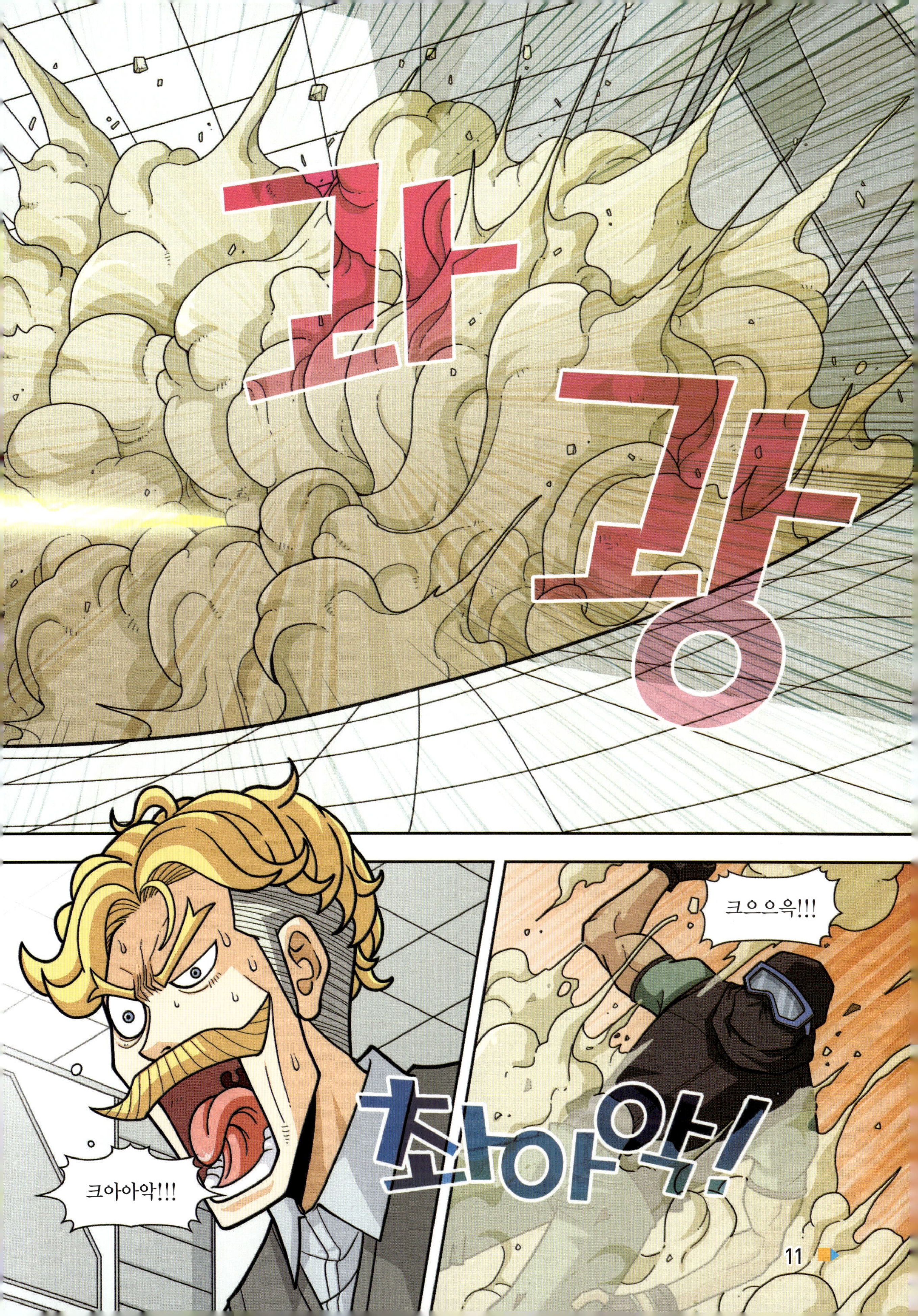

꽈
꽝
크으으윽!!!
크아아악!!!
촤아악!

슈우우우…
ㅇㅇㅇㅇ……

찌이잉
크으으으~

팟—
내 레이저 광선
맛이 어떠냐!

자, 얼른 가자!
괴테!
으, 응~
슈우웅
으아아아~
굉장하다!

탁탁ー
탁 탁
크으윽!
야, 이놈들아!
거기 섯!

이과인! 우파루파 정체가 대체 뭐야?!
저런 기술을 쓰다니 놀라운데?
탁탁
탁—

녀석도 우리와 같은 행성의 생명체야.
소근
소근

우리 말고도 지구에 온 존재가 또 있어?!
응! 곳곳에 생명체들이 있다네.
정말이야?
탁탁
탁—

탁탁 탁—
아까 우파루파와 나누던 이야기가 궁금해.

아냐, 우린 이쯤에서 빠지는 게 좋겠어.
뭔 소리야?

안 돼! 베리타스 왕국의 이야기를 마저 들어야한다고!
여기다!
응?
아아앗! 저건?
오오~

뚝!
우주선?

세, 세상에~
이런 게 진짜
있다니!

UFO가 진짜로
있었다는 거잖아!

이건
하우니브 X-100이야!
얼마만이냐?

글썽

글썽

우파루파!
작동 시켜 봐.

알았어.

잠깐! 여기에
뭔가 있어요.

척一

+	1	2	3	4	5	6	7	8	9	10
10	11	12	13		15	16	17	18	19	20
9	10		12	13	14	15	16	17		19
8	9	10	11	12		14	15	16	17	
7		9	10	11	12	13		15	16	17
6	7	8		10	11	12	13	14		16
5	6	7	8	9	10		12	13	14	15
4	5	6	7	8		10	11	12	13	
3		5	6	7	8	9	10		12	13
2	3		5	6	7	8	9	10	11	12
1	2	3	4	5	6	7		9	10	11

이게 바로 탐정의 기본인 관찰!
최고!
이번엔 네가 좀 과격했다. 우리 모두 날아갈 뻔했어.
슈우우···
역시 애거서야.
과격한 사람이 누군데?
루팡! 지금 빠져나갈 거야?
흐음···
아니~ 우주선이 있다니 좀 더 지켜 봐야겠어.
암만해도 그렇지?
빈 곳의 숫자를 어떻게 채워 넣지?
빨리 열어야 해. 아까 그 아저씨들이 쫓아올 거야.
내가 나설 때가 됐군.
응?!
척―
18

＊젠더 : 전자제품의 전기를 접속시키는 장치의 모양을 바꾸는 기계.

니가 비밀번호를 알아낼 수 있어?
내 최첨단 스마트폰과 특수 ＊젠더로 암호 푸는 것쯤이야.

끼릭
지금 내 모습 스파이 영화 주인공 같지 않아? 하하~ 최첨단 장비와 비밀요원!

촤르르륵
특수 젠더와 암호 ＊해독 프로그램으로 암호를 알아보면~

우와~ 왠지 멋있는데??
이 정도 가지고 뭘~
으쓱
진짜 주인공 같아!

＊해독 : 어려운 암호나 기호를 읽어서 풂.

암호를 알아내는데 얼마나 걸릴 것 같아?
아, 그…그게…
머뭇
머뭇

장치 분석에 4시간, 암호 해독에 5시간 30분 걸린다고 하네?
뭐??
휘청~

장난해??
크아앙
꾸웨엑!!
떡
쿵!
쿡!
케에엑!
진정해~
치명적인
까도녀의 매력!
헤롱
헤롱
저 뺑쟁이를
믿은 내가
바보지!
이과인,
너의 초능력으로
해결할 수 없냐?
뭐?
초능력으로
해결할 수도 없고,
시도하기도 싫다고!
으아아!!
삐질~
음, 어쩐다?

척-
흐음~ 이 표 어디선가 본 것 같은데.
사, 살벌한 아가씨군!

어렸을 때 분명히 본 적이 있어.
곰곰~

번뜩!
맞아, 저건?

알아냈어! 이 문의 암호를 푸는 방법!
휙-

앗!
깜짝
뭐라고?

정말이에요? 암호를 푸는 방법을 알아냈다는 게?
아마도?

어렸을 때 공부했던 덧셈표와 비슷해요.

+	1	2	3	4	5	6	7	8	9	10
10	11	12	13		15	16	17	18	19	20
9	10		12	13	14	15	16	17		19
8	9	10	11	12		14	15	16	17	
7		9	10	11	12	13		15	16	17
6	7	8		10	11	12	13	14		16
5	6	7	8	9	10		12	13	14	15
4	5	6	7	8		10	11	12	13	
3	(ㄱ)	5	6	7	8	9	10		12	13
2	3		5	6	7	8	9	10	11	12
1	2	3	4	5	6	7		9	10	11

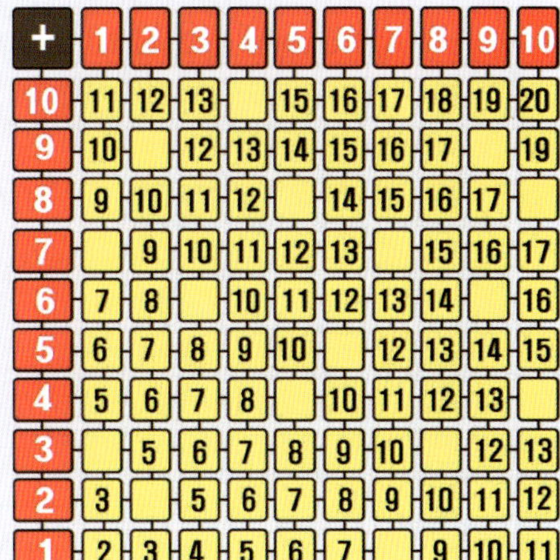

덧셈표의 빈칸에 알맞은 수를 써넣으시오.

+	1	2	3	4	5	6	7	8	9	10
10	11	12	13		15	16	17	18	19	20
9	10		12	13	14	15	16	17		19
8	9	10	11	12		14	15	16	17	
7		9	10	11	12	13		15	16	17
6	7	8		10	11	12	13	14		16
5	6	7	8	9	10		12	13	14	15
4	5	6	7	8		10	11	12	13	
3		5	6	7	8	9	10		12	13
2	3		5	6	7	8	9	10	11	12
1	2	3	4	5	6	7		9	10	11

정답은 24쪽에

자, 얼른 우주선을 작동시켜 봐!
좋았어!

후후훗~ 탐정단의 체면이 말이 아닌걸~
뭐야?!

사건의 실마리를 전부 사건 의뢰자가 풀어 가고 있잖아!
탐정단이라고 겉멋만 잔뜩 들어 있는 너희들을 제치고 말야.

시끄러워, 임마! 너도 헤맨 건 마찬가지잖아!
게다가 넌 패션이 촌스러워도 너무 촌스럽잖아!!
빼애액!

슈아아아

흐이익?!
빼애액

Quiz 정답 (위에서부터) 14, 11, 18, 13, 18, 8, 14, 9, 15, 11, 9, 14, 4, 11, 4, 8

아아앗!
위험해요,
괴테 오빠!!
피해요!!

앗?!
빠아악

쾅!
!!!!!!

*섹터 : 단위 부대가 책임지고 방어하도록 할당된 작전 지역

그리고 난
괴테의 아빠가
아니라…….
캬아아악!!!
부우욱!
왜 저래?!
??!!
탓ー

나투라 행성
리베리얼 포스
제7전대 소대장
크레이지 베어다!!
척―
나투라 행성?!
우와앗!!
아휴, 귀요미!
그러게~ 팬더보다 귀엽다!
만지작
만지작

파앗!
으아앗!
이것들이 감히!!

내가 제일 싫어하는 말이 '귀엽다'거든. 감히 나 같은 막강 전사한테 막말을 하다니!
척—

지옥으로 떨어뜨려 줄 테니 기대해라……
쓰이익

히이익!!!
화들짝

어떡해!! 똥방망이도 너무 귀엽다!!
나도 저거 갖고 싶엉!
Ah
Ha
Ha
Ha
크으응…

나투라 행성에서 왔다고?!
척—
응?!

그렇다면 나하고 볼일이 있을 것 같은데…….
째리릿!!
뭐, 뭐냐. 네놈은?

파아
가랏!!!!
앗
!!!!
찰싹
이분이 바로
나투라 행성의
왕자이신…….
두둥!
루팡님이시다!!
뭐, 뭐라고?!
나투라 행성의
왕자라고?!
리베리얼 포스라니
그건 대체 뭐냐?!

꿈틀
꿈틀
스르륵
으으음…….

아얏!!
우파루파!!
두둥!

우파루파!
괜찮아?!
정신 차려!!!
으으으, 난 괜찮아.
네가 무사해서
다행…이야…….

우파루파!
슉슉슉

날 구하려다가
네가 이렇게 되다니!!
탁탁   탁—
어서 이곳을
빠져나가야 돼요!

애완동물 장난감 찾아주는 건 줄 알았는데 엄청나게 심각한 사건이었네요!
뭔가 거대한 음모가 있는 듯한 느낌이…….

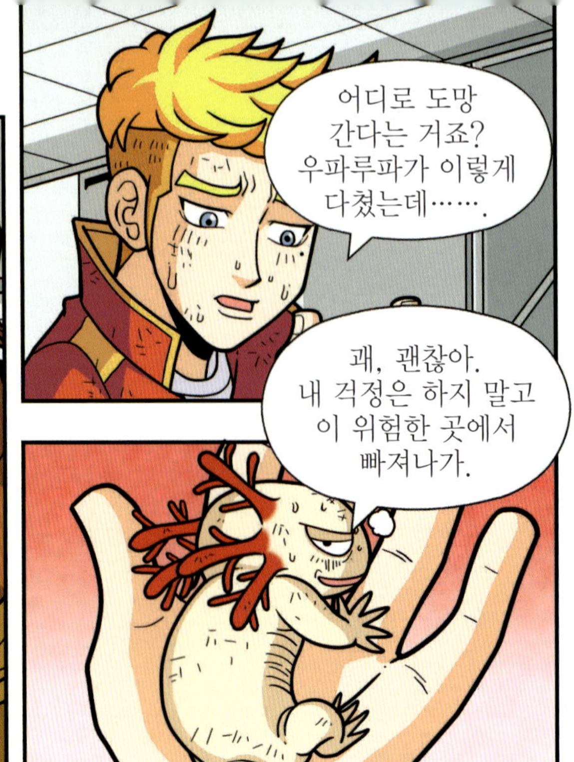

어디로 도망 간다는 거죠? 우파루파가 이렇게 다쳤는데…….
괘, 괜찮아. 내 걱정은 하지 말고 이 위험한 곳에서 빠져나가.

무슨 말이야! 너도 같이 가야지!

아니야, 난 내 생명이 여기까지인 것을 느낄 수 있어.
부탁이야. 너만이라도 무사히 빠져나가 줘.

여긴, 내가 어떻게든 막아 볼 테니까.
안 돼!
시간이 없어요!
스르륵

쩌억~
거기에 뭐가 들었는데요?
나도 열쇠가 없어서 못 열어 봤네. 비밀 지도라고만 들었을 뿐……
아! 탐정단이여! 이 *캡슐의 비밀을 좀 풀어 주게나……
*캡슐 : 우주 비행체의 기밀 용기
*국가 번호 261. *경도 동경 46도, *위도 남위 20도인 곳에서 '다윗의 별'을 찾아.
비밀 지도 라구요?!
내 우주선을 타고 가려고 했는데 이젠 틀렸어……
그 비밀 지도의 열쇠는 어디로 가야 찾을 수 있죠?
위도 경도
*경도 : 지구 위의 위치를 나타내는 좌표축 중에서 세로로 된 것
*위도 : 지구 위의 위치를 나타내는 좌표축 중에서 가로로 된 것
*국가 번호 : 국제 통화 시 각국을 식별하기 위해 부여된 번호
다윗의 별 이라구요?!
멈칫
오갸갸~
리베리얼 포스가 뭐냐고!

국가 번호 261번이라니 그게 대체 어디야?
경도, 위도도 우리는 아직 잘 모르는데……
글쎄, 나도 나라 이름은 모르고 *GPS 정보만 알고 있어서……
국가 번호 261번이라 어디 보자…….
뜨아악!!
왜 그래, 으뜸아?! 어딘지 찾았어?!
*GPS : 인공위성을 이용하여 위치를 정확히 알 수 있는 시스템.
국가 번호 261번은 아프리카 대륙 동쪽 400km 지점에 있는 마다가스카르야!
척―
마다가스카르
Madagascar
수도 안타나나리보
안타나나리보
27℃
두둥!
뭐어?! 아프리카?! 마다가스카르?!

정식 명칭은
마다가스카르
공화국!

아프리카 대륙의
동쪽 400km 지점
인도양에 위치한
섬나라야.

MADAGASCAR

*한반도 : 남한과 북한을 모두 포함하는 땅덩어리

마다가스카르의
넓이는 *한반도 넓이의
2.7배나 된다고.

그 넓은 곳에서
'다윗의 별'이라는
뜬금없는 걸 찾는 건
불가능한 일이야.

모래밭에서
바늘 찾기보다 더
어렵겠다.

아프리카면
위험한 맹수들도
많은 데잖아.

좋았어!
사건 의뢰
접수했어!!

뭐어?!

파

얏!

셜록! 그렇게 위험한 곳을 가겠다니 제정신이야?!
후후훗~
아무리 탐정단이라고 해도 아프리카는 무리라고!
진정들 해!
겁먹지 말자고! 우리는 지구 최강의 탐정단이 될 거잖아!
찡긋
그리고 괴테 형이 의뢰한 사건은 하나도 해결하지 못했어.
멀리 독일까지 왔는데 이렇게 허무하게 끝낼 순 없잖아?
스으윽
마지막까지 사건을 확실히 해결해서 괴테 형을 도와주자구!
셜록, 고마워요.

흐흐
흑흑~

삐삐삐─

앗! 포탈건의 에너지가 다 됐어! 이제 돌아가야 해!

우린 이만 돌아가야 할 것 같아요. 혹시 우리랑 같이 한국으로 갈래요?
아, 아니에요. 난 여기 남아서 회사를 정리하고
아버지의 행방을 찾아봐야 겠어요…….
우파루파의 마지막 부탁! 우리가 꼭 들어줄게요.
까악
고마워요. 좋은 소식 기다리고 있을게요.

잘 있어요,
괴테 오빠!!!!
나중에
연락드릴게요!
잘 가요,
명탐정 여러분들!
너무 고마웠어요!!
자아아!!!
집으로 고고씽!!
서두르자!

으아앗!
앗
파

치지직

불쑥

회사에서 무슨 일이 있었는지 조사 해야겠어……

이, 이과인 이제 우리도 가자……
응.
깜짝
엄마야!! 아직 안 갔어요?!

개념 체크

덧셈표, 곱셈표에서 규칙 찾기

퀴즈 1

최첨단 장비로 9시간 30분이 걸려야 풀 수 있다던 암호가 아주 간단한 덧셈표였다니!!! 덧셈표에서 규칙을 찾아 빈칸에 알맞은 수를 써넣어 보세요.

+	1	3	5	7	9	11	13	15
1	2	4	6	8				
3	4	6	8					
5	6	8						
7	8							
9								
11								
13								
15								

퀴즈 2

덧셈표는 완전 해결했으니 이번에는 곱셈표에서 규칙을 찾아
빈칸에 알맞은 수를 써넣어 보세요!

×	1	2	3	4	5	6	7	8	9
1	1	2	3	4	5				
2	2	4	6	8					
3	3	6	9						
4	4	8							
5	5								
6									
7									
8									
9									

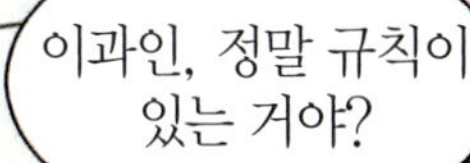

제2화
신비의 섬, 마다가스카르

너희들의 말은 독일의 섹터 7구역에서 외계인을 봤다는 거지?
삐질
알았다! 알았어~
네! 뭔가 거대한 음모가 있어요!
게다가 우린 우파루파가 부탁한 비밀 지도의 열쇠도 찾으러 가야 해요!!
그 소문이 사실이었구나. SS그룹이 외계인과의 교류를 하고 있다더니…….
엥?! 그런 소문이 돌고 있단 말이에요?
호음~ 이거 흥미로운데?
특급 비밀을 일개 연구원이 알고 있다니 보안이 완전 엉망이군!
끄응
그 비밀 지도의 열쇠가 마다가스카르에 있대요.
두둥!
뭣?! 마다가스카르?!!

그래서 말인데요, 이 포탈건의 성능 좀 팍팍 업그레이드 해 주세요.
안 그래도 애거서가 부탁해서 왕창 업그레이드 된 칩을 개발했지.
한 시간은 너무 짧아서 사건 해결을 제대로 할 수가 없거든요.
파지지직
잠깐만 기다려 봐~
척-
헉
헉...
됐어! 완성이다!!
오오옷! 기대되는데요?!
후후훗~ 이제까지의 포탈건은 잊거라. 완전 새롭게 태어났단다.
찌잉-

포탈건 MK-2를 소개한다!!
포탈건의 배터리를 대용량으로 교체함으로써 사람뿐만 아니라 더 큰 사물도 이동시킬 수 있단다!
무엇보다 포탈 시간 자체를 1시간에서 3시간으로 늘린 획기적인 나의 *역작이다!!
뾰!
악!
* 역작 : 온 힘을 기울여 만든 작품
엥……?!
으하하~ 그렇게 감탄하지 않아도 돼!
저기…… 박사님, 겉보기엔 전에 거랑 완전 똑같은데요?
하아아~
뭔가 또 당하는 느낌!
헐~ 껍데기는 중요치 않아. 내부가 완전, 파격적으로 업그레이드 되었다니깐!!

요석들~
의심이 하늘을 찌르네.
그럼 직접 보여 주마!!
아, 아니에요!
박사님~~ 믿을게요!
믿어요!!
더 그레이트
포탈건 MK-2!!
퐈이야!!
우우웅-
스
파

차아으아악
으아아아!!!
눈부셔!
초기 포탈건의
*타임 게이트보다
훨씬 거대해!
크으으
오오
*타임 게이트(time gate) : 시간의 문을 뜻함
우리 아빠,
진짜 대단하다!!
박사님~
진짜 최고예요!
끄으응……
이제 믿을 만하냐?
에고~
53

＊GPS : 어느 곳에서든지 인공위성을 이용하여 자신의 위치를 알 수 있는 장치

GPS 칩　　　데이터 모음　　　위치 추적 및 관리

자, 너희들 모두의
신발을 제작했으니
얼른 신어 보거라.
짜안~
쓱쓱
우와아!
박사님, 신발이
엄청 가벼운데요?
폴짝
폴짝
최첨단 신소재를
사용했으니 당연한
거지. 하핫!
와우! 이렇게 걸으니까
내 심장 박동 수가
빨라지는 게 수치로
보여요!
방방-
이럴 수가…….
내 최고급 명품
운동화보다도
더 가볍고 편안한데?
아빠~ 디자인도
너무 예뻐!
55

자, 보거라.
이게 지금 너희들의
정보다.

팟ー

앗?!

지금 너희들의 위치,
심장 박동 수, 컨디션 등의
상태를 이렇게 한눈에
알 수가 있는 거지.

삐삐삐

이제 너희들은
모험을 좀 더
안심하고 즐겨도
된다는 말씀!

아빠, 완전
안심돼요!

따

앗!

좋았어!!
그럼, 지금부터
마다가스카르로
간다!!!

잠깐!!!
척―

임무를 수행하기 전에 한 가지 빼먹은 것 없니?
그게 뭐죠? 아빠!
멈칫

요 녀석들아! 임무도 임무지만 학교 숙제는 하고 다녀야 할 거 아니냐?!
버럭!
그리고, 지금은 저녁이라고. 각자 집에 가서 푹 자고 내일 떠나도록!
네에에?! 숙제요??!!

그럼…….
오늘은 늦었으니까 내일 아침에 떠나자. 어차피 토요일이잖아?

좋아, 그럼 내일 아침 7시까지 우리 집 앞으로 와.
쩝~
그래, 내일 봐.

쩍쩍 쩍ー
와다다닷!!!
다다 다닷
셜록은 정각 7시 도착이네! 훗!
오오~ 왓슨, 벌써 와 있었네?
척ー
자, 그럼 신비의 섬 마다가스카르로 떠나 볼까?
기대돼!
잠깐만! 아직 으뜸이가 안 왔어.
그래?!
빵빵ー
응?!
58

부우웅-
뭐야?

끼익

기이잉
일찍들 왔군.
으뜸이?!

야, 나으뜸!
너 대체 뭐냐?!
후후훗~ 놀랐냐?
너희들을 위해 내가
특별히 가지고 온
캠핑카란다.
반짝
반짝

어머낫!!
너무 멋져잉~~
뿅~

이럴 줄 알았냐!!
우리가 무슨 캠핑
떠나는 줄 알아?!
으뜸이 살려!
퍽!
지금 이 상황에서
캠핑카가 웬 말이냐!!

핫! 드디어 나의
매력을 애거서에게
어필하게 되나?
일 30%
두근!

크허어억!!
쿠당탕탕
괜찮아??
아흑~ 괜찮아.
헤롱
헤롱

좋아!
레인저 탐정단 전부 다
모였으니 출발하자!
척—

조금만 기다려요, 괴테 형!
비밀 지도의 열쇠를
우리가 꼭 찾아갈게요.
우우웅
더 그레이트
포탈건 MK-2!!
파
앗
파이어-!!
61

기대하시라,
개봉박두!!

한편, 북한산 근처 루팡의 은신처

이과인, 준비됐어?
응!
가서 임페리우스에게 무슨 일이 있었는지 조사해 보자. 어쩜, 크라이머와 연관이 있을지도 몰라.

저기, 근데 말야.
왜?!
샤라라랑
마다가스카르라면 더운 곳이고 큰 숲도 있을 텐데……. 그런 거추장스런 망토 입고 괜찮겠어?
후훗~ 진정한 멋쟁이는 주변 환경 따위에 휘둘리지 않는 법이지.
자, 가자! 마다가스카르로!!
다다
다닷
큭, 후회할 텐데~

세계에서 4번째로
큰 신비의 섬,
마다가스카르
쿠오오
우와아아!!!
저벅
저벅
저 나무들 좀 봐!
여기 정말
대단한 곳이구나!

오—

마다가스카르는 인도양 남서쪽으로 모잠비크 해협을 사이에 두고 아프리카 대륙과 마주 보고 있습니다.
이곳은 옛날부터 아프리카 지역으로 분류되었지만, 자연 생태 환경과 원주민 구성 등 여러 면에서 아프리카 대륙과 현저하게 다른 특징을 가지고 있습니다.

*바오밥나무 : 아프리카에서 신성한 나무 중 하나로 열매가 달려 있는 모양이 쥐가 달린 것처럼 보여서 '죽은쥐나무'라고도 합니다. 소설 '어린왕자'에서도 등장합니다.

켈록~ 켈록~
앗?!
샤삭
휙-
이상하다. 분명
뭔가 부스럭 거리는
소리가 났었는데?
두둥!
하아아~그나저나
이렇게 넓은 곳에서
다윗의 별이란 걸
어떻게 찾아내지?
그러게 말이다.
에휴~
들킬 뻔했잖아!!
크르르릉~
저벅
저벅

다들 조심하자~ 위험한 벌레들도 많은 거 같아.
두리번
두리번
세 시간 안에 찾을 수 있을지 모르겠네.
척—
…..!
두둥!
씨익

바오밥나무에 대해 더 알아 볼까요?
헥헥~ 너무 덥다…….
거봐, 내가 그런 망토는 거추장스러울 거라고 말했잖아!
뻘뻘~
터벅
터벅
빼액!
끼유우~
시끄러워! 네 뒤에 따라오는 니 친구나 좀 가라고 해.
아 놔~ 아까부터 짜증나게 하네!! 난 네 동족이 아니라고!!

티격
태격
피는 물보다 진하다고 너희 동족이 맞는 것 같은데?
스팟
응?!
무슨 헛소리야!! 우연히 외형이 비슷할 뿐 나랑은 차원이 다르다고!!
파
앗
아아앗?!
이, 이건…… 진실의 책?!
어째서 이런 곳에?!

파앗
스으윽
역시!!!
어째서 이런 곳에
진실의 책이 있는 거지?!
어째서…….
다윗의 별을
열어라
…러면 진실의
…을
…뜰 것이다!
누
둥!
뭐야! 크라이머 녀석이
어떻게 다윗의 별을
알고 있는 거지?!
크으…….
크라이머 이 자식!
항상 우리보다
앞서고 있어.
그러게…….
우리가 여기로
온다는 것을 알고
있었던 것 같은데?
70

크라이머!! 도대체 네 정체는 뭐냐?! 감히 날 *우롱하다니!!
꾸깃!
척-
S1
*우롱 : 바보로 여겨 비웃고 놀리다.
이봐, 루팡~ 진정해! 이 그림은 무슨 뜻일까?
글쎄……. 이 그림은 우리가 서 있는 이 나무 모양 같은데……. S1은 Secter 1?
그렇다면, 여기가 바로…?!
꺄아아악!!!
앗?!
71

슈아아
파앗
꺄아아악!!
사람 살려~~
애거서!!!

다다닷
애거서를 놓아 주지 못 해?!
두둥!
??!!
멈칫
앗?!
씨익
도리
도리
아, 아저씨들! 애거서를 어떻게 하려고 그러는 거예요?!
ㅋㅋㅋ~
창 들고 설치면 우리가 겁먹을 줄 알고? 흥!

흥! 너의 친구는 우리 부족의 신성한 제물로 바쳐질 것이다!
애거서는 제 친구라구요! 제발 애거서를 돌려줘요!
안 돼! 족장님이 정하신 거라 절대 바꿀 수 없다고!
휘청~
뜨악!
티격
태격
아무리 만화라지만 원시 부족과 대화가 가능하다니……

휘이익
하아앗!!

떡!
크억!
빠각
커헉!

털썩
척―

아앗?! 네비게이션 X, 니가 여긴 어떻게?!

스으윽
훗! 지나가던 길에 친구가 위험하길래 잠깐 도와준 것 뿐이다.

뭐야?! 친구라니? 누가 친구라는 거야!
셜록, 진정해. 우리를 도와 줬잖아~
아차~

같은 탐정업계에 종사하는 사람으로 동료애를 느꼈을 뿐이다.
낑~

75

셜록, 어서 애거서를 찾으러 가야지!
그렇지!!
휴우~

이과인, 애거서의 위치를 찾을 수 있겠나?
내가 무슨 인공위성인 줄 알아?!

아하! GPS!! 애거서 신발에 있는 GPS 신호를 추적하면 찾을 수 있을 거야!
뭐?!

그럼, 얼른 찾아봐! 얼른!

찾았다!! *전방 3km 지점에서 계속 이동 중이야!
car GPS
삐리릭

이동 중이라니? 어디로?!
글쎄……. 그건 나도 모르겠어. 그 잠깐 사이에 벌써 3km나 이동했단 말야?

*전방 : 앞을 향한 쪽

휘익
지구 끝까지라도 쫓아가서 애거서를 데려올 테다!

으뜸아, 그것 좀 빌려 줘!
왝—
엉?!

기다려, 애거서!! 셜록이 간다!!
야, 셜록! 같이 가!! 같이!!
타얏

가버렸네?
다다닷
첫! 상당히
귀찮은 녀석들이군!
루팡! 어떻게
할 거야? 쟤네들을
따라 갈 거야?
으음…….
타ㅡ
일단, 우리도
쫓아 간다!!

빼빼
까아아악!!!!!
액!
어휴~ 시끄러워.
사람 살려!!
날 어디로
데려가는 거야?!
픽!
컥?!

읍읍읍~~

바둥
바둥

그랑칭기에 대해 알아 볼까요?
이상한데? 여기서부터 GPS 신호가 끊어졌어!
혁…
혁혁
탁탁 탁—
왠지 불길한 느낌이……
80

두둥!
도대체 어디로 간 거지?
이렇게 거대한 벽으로
막혀 있는데?!
탁
탁탁
아?!
이럴 수가…….
하아~ 하아~
이봐, 이과인!
여기서부터 네가
찾을 수 있겠지?
뭐?!
무슨 소리야?
나는 인공위성이
아니라고 했잖아!
그럼,
네놈은 대체 뭘
할 수 있는데?
짜릿

스으윽
어랏?!
잡혀간 친구를
찾고 싶은가?
척—
끄아아악!!
사자 아냐?!
사…… 사자가
나타났다!!
포사야~
너한테 사자라는데?
흥! 애송이들~
난 포사란 말이다.

포사
마다가스카르 지역에 서식하며 성격이 포악한 육식동물이다. 얼굴의 생김이 고양이과 동물과 닮았고 소리를 잘 들을 뿐만 아니라 시력도 좋고 냄새도 잘 맡는다.

허둥

지둥

사람 살려!!

얼래? 근데, 좀 전에 한 명이 더 있었던 것 같은데?

앗! 저기 있다.

두둥!

애들아, 잡혀간 친구 구하러 안 갈 거야?!

두근

두근

그러게 말야. 엄청 무섭게 생겼는데……

저 여자애 뭐야? 저렇게 무서운 동물과 같이 다니다니……

뭐?! 잡혀간 친구?
혹시 애거서를 말하는 건가?!
응?!

꼬마야~ 혹시 너 애거서를 봤니?
애거서 언니를 데려간 건 미케아 부족이야. 여우원숭이 숲에 사는 원시 부족 중 하나야.
빨리 구하지 않으면 성스러운 의식의 제물이 될 거야.
그 언니 이름이 애거서야? 당연히 봤지.
의식의 제물이 된다고?!
쿠궁!

*정령 : 원시 종교의 숭배 대상 가운데 하나.
응, 매년 이맘때 쯤 여우원숭이 숲의 *정령에게 풍년을 기원하는 제사를 지내거든.
그래서 싱싱한 제물을 잡아다가 바쳐서 한 해 농사가 잘 되기를 빌지.
그렇게 잡아온 제물은 의식이 끝나고 나면……
의식이 끝나면 어떻게 되는데?!
불에 태워 버리지!
쿠궁!!
뜨아아악!!! 불?!
정말이야, 그게?!
통구이가 됐다가 한줌의 재가 되는 거야!
85

미케아 부족은 성격이 엄청 급해. 그러니 서둘러서……
야, 꼬맹이. 네 말을 어떻게 믿어? 수상해!
잠깐!
뭐?!
뭐라고?!
혹시, 너도 아까 그 부족 아냐?! 그래서 우리를 전부 잡아가려고 하는 거지?!
네 옆에 있는 그 거대한 짐승은 고양이 아냐?
그, 그렇다면……
직접 확인해 봐! 포사가 고양이인지 아닌지를……
쩌
억
히이익~
크아앙!!!
86

자, 잠깐만!!
오해했다면 미안해.
우리는 한국에서 온
레인저 탐정단이야.
너는 누구니?!

내 이름은 티피야.
마리오 티피!
사진 작가인 아빠와
동물 학자인 엄마 덕분에
이곳 마다가스카르에서
태어나서 지금껏 살아왔지.

나?!
그, 그래~
아프리카인 같지는
않은데……
크아아!

그래서 동물들과
난 무지 친해.
사람 살려!
야오!
아아~그렇구나.
티피라고? 예쁜 이름이네.
포사 좀 진정시켜
줄래?

포사, 그만해.
쳇, 오랜만에
포식 좀 하나
했더니……
흐이익~
튓一

으갸갸갸……. 여기가 천국이야? 지옥이야?
덜덜덜…

티피야, 우리를 미케아 부족이 있는 곳으로 데려다 줄래?

바로 뒤의 벽 문을 열면 미케아 부족이 있는 곳으로 갈 수 있어.
뭐라고?!
척—
두둥!
뭐?!
이런 거대한 벽을 무슨 수로 열라는 거지?
저 문을 열려면 오빠들 발아래에 있는 수들의 규칙을 알아야 해.

두
우와아앗!!
10
17 18
1415
23 24 25
21
30
27
둥!

거대 석문을 열려면 발아래에 있는 숫자들 중 빈칸에 뭐가 들어가는 지 알아야 해.
규칙을 알아내서 비어 있는 칸의 숫자들을 모두 합한 만큼의 무게가 나가는 돌맹이를 구멍에 넣으면 문이 열린대.
숫자에 난 약하거든. 소문에 의하면 아래 칸에 있는 숫자들은 일정한 규칙이 있다고 하던데 말야…….
어때? 굉장히 어렵지? 그냥 우리 엄마 아빠를 불러오는 게…….
에게, 겨우 그런 문제였어?
우후웃
응?!
우리가 그런 거 푸는 전문가들 이란 말씀!
척
90

			1	2		4
5	6		8	9	10	
12		14	15		17	18
19		21		23	24	25
26	27		29	30		

			1	2	3	4
5	6	7	8	9	10	11
12	13	14	15	16	17	18
19	20	21	22	23	24	25
26	27	28	29	30	31	

수 배열표에서 색칠한 부분의 규칙을 쓰시오.

5	6	7	8	9	10
11	12	13	14	15	16
17	18	19	20	21	22
23	24	25	26	27	28
29	30	31	32	33	34

➡ 정답은 아래에

답 _______________

Quiz 정답   7씩 커집니다.

으아아~
이 오빠들,
천잰데?
팟一
이제 애거서를
구하러 가자!
151g짜리
돌을 이 구멍에
넣으면…….
우와아앗!
석문이 열리기
시작해~
크르르
93

달력에서 규칙 찾기

으뜸이와 셜록, 왓슨과 루팡이 달력에 표시를 하고 있습니다.
달력에 ○표 된 날짜는 어떤 규칙이 있을까요?

규칙 ____

퀴즈 2

설록이 달력에 낙서를 하고 달력을 찢었습니다.
12월 25일은 무슨 요일일까요?

(   )

95

제3화
애거서를
구출하자!

쿠르르르

으아아아~
뭔가 으스스한
분위긴데?
그, 그러게…….
우우
웅
그래도 간다!
기다려라, 애거서!
탓—
아앗!
같이 가, 셜록!

으이구 하여간 저 급한 성격하고는…….
미안해, 티피야. 셜록이 인사도 없이 가 버려서…….
괜찮아~ 얼른 애거서 언니를 찾길 바라.

큰일이네…….
애거서를 구한 다음에 다윗의 별도 찾아야 하는데 시간은 별로 없고…….
아?!

으뜸아! 우리도 얼른 가자!
오케이! 애거서를 구하는 길이라면 지옥이라도 마다하지 않겠어!

잠깐, 방금 다윗의 별이라고 했어?
어?! 다윗의 별을 알아?

헉헉헉…….
탁
탁탁―

앗?!

끼이익

쿠궁!
이, 이건 또 뭐야?!
이런 동굴 안에
거대한 돌문 같은 게
있잖아?!

쾅
쾅
쾅!
이봐!! 문 열어!
애거서를 제물로
바치지 말라고!

셜록! 셜록!!
알아냈어!
응?!
탁탁 탁

다윗의 별이
뭔지 드디어 알아냈어!
다윗의 별?!

그래! 티피가 다윗의 별에
관한 이야기를 알고 있더라고.
그래서 알려 줬는데…….

다윗의 별은
미케아 부족들이
의식을 치르는 제단을
말하는 거야.
제단?!

응, 그곳에서는 뭔가
거대한 에너지가 나온다나?
그래서 그 에너지를 받아서
농사를 잘 짓게 해 달라고
하는 게 미케아 부족들의
의식이야.

그러니까, 애거서를 제물로 바치는 의식이 행해지는 곳이 다윗의 별이래.
다윗의 별에서 나오는 에너지가 뭔지는 몰라도 우선, 애거서를 제물로 바치는 의식부터 중단 시켜야겠어.
다행이네……
까악

애거서를 찾으면서 다윗의 별도 같이 찾을 수 있게 되었으니……
우우웅
우선 저 문을 때려 부수고라도 의식을 막으러 가야겠지?
초전자 요요!! 최대 파워!!!
야
파아

초아아악
타아앗!!!
콰앙!
팅-
척-
뭐야?!
초전자 요요에도
끄떡없잖아?
내가 나설 차례군!
알렌산드라이트
초극강 파워업!!
(뭔 소리야?)
다다닷

으아아아~
으뜸아~
조심해!

흥! 시끄럽다!
이 레이저로 문을
박살낼 거야!

탁탁

탁-

툭!

휘이익

엇?!

파지

지직!

끄아아아악!!!

치지
지직
아아아악!!
레이저에 온몸이
녹아내리는 것
같아아!!
엇?!
끄아아악!!
사람 살려…….
찌이잉
너 지금
뭐 하냐…….
어, 어라?!
뭐냐, 이게?!
아하하하…….
흥, 겁쟁이 녀석.
레이저 포인터
따위에 몸이 녹아내리진
않거든.
툭
툭—
시끄러워!
엄청 놀랐잖아!
대체 넌
언제 정신
차릴 거냐고!!
뻑!
커억!

쳇, 스튜어트 박사는 이따위 레이저 포인터로 뭘 하라고 준 거야?
맡겨 둬!
왓슨, 저 문이 대체 뭘로 만들어진 건지 분석해 줄 수 있겠어?

쳑一

삐 삐 삐一
A Diamond
set a ring with a diamond
뜨아아~ 이럴 수가!
왜 그래, 왓슨?!
가장 단단한 돌인 금강석으로 만들어졌어.
금강석?!

금강석은 지구에서 가장 단단한 돌이야.
가장 단단하다고?
금강석은 다이아몬드라고도 하지. 아주 비싼 보석이기도 해.
다이아몬드는 각종 보석뿐만 아니라 다른 물체를 자를 때에도 쓰여.
끼기긱
나, 다이아몬드는 엄청 강해서 다른 돌들을 자를 때도 쓰이지.

두둥!
다이아몬드만큼 강력한 돌로 만들어진 문이라고?!

그럼, 요요 같은 것으로는 절대 파괴할 수가 없는 문이라는 거잖아…….

쿠오오…
두리번
두리번
뭔가 석문을 열 수 있을 만한 방법이 있을 거야.
미케아 부족들이 다니는 방법이…….
큰일이다……. 저 안에서 애거서가 무슨 일을 당하고 있을지 모르는데…….

앗! 이건 뭐지?!

아아…….
응?!
아아아앗!!!
이게 뭐야!!
두
둥!
106

이봐요 ,아저씨들!!
날 얼른 풀어 줘요!
정말 나한테
혼나 볼래요?!
크으으윽…….
뭘 바르는 거예요?
스으윽
#$%^*(#%&(
@#%#%&^*…….
싫어요!
바르지 말라고요!
속ㅡ
셜록, 왓슨!!!
어딨어!!
나 좀 살려 줘!!

셜록!
콰아

아아!

두근
??!!

크으으윽!
왜 그래, 셜록?!
왠지 불길한 느낌이 들어서…….

그나저나 여기 있는 이 숫자판은 뭘 의미하는 걸까? 이 숫자들의 합한 숫자의 버튼을 누르라는 건가?
근데, 이 숫자판의 합은 45란 말야.
4 9 2
3 5 7
8 1 6
10 11 12 13 14 15
16 17 18 19 20 21

돌 버튼의 숫자는 21까지 밖에 없어. 제길, 대체 뭘 어떡하라는 거야!
흐음~
110

분석 끝났어!
뭐어?! 뭔지 알겠어?!

이건 그냥 우리를 헷갈리게 하려고 막 적어 놓은 거야. 어려운 말로 난수표라고하지.

그걸 지금 개그라고 하는 거냐?!

난 수표? 그럼 난 현금?

아아~ 으뜸이 말이 대충은 맞는 것 같아. 이건 마방진이야!

가로, 세로, 대각선의 합이 모두 15로 일정하잖아?

15
4 9 2
3 5 7
8 1 6
15
15

아얏~! 그렇네?!

QUIZ
다음 빈칸에 알맞은 수를 써넣으시오.

8 3 4
5
6 2

정답은 112쪽에

마방진이라니? 그건 또 뭐야?!

TIP

근데, 그 무늬를 자세히 살펴봤더니 가로세로 3개씩 점이 찍혀져 있었던 거지. 이 점의 수들은 가로, 세로, 대각선으로 더해도 모두 합이 15였다는 거야.

마방진은 중국 하나라의 우왕 시대에 황하에 큰 거북이가 나타나서 잡았더니, 등에 신비한 무늬가 새겨져 있었대.

4 9 2
3 5 7
8 1 6

이게 마방진의 시작이야. 당시 사람들은 낙서 라고 불렀고.

그러니까 여기 있는 건 문자를 불규칙한 숫자로 바꿔 놓은 난수표가 아니라
각 칸의 가로, 세로, 대각선의 숫자의 합이 일정하게 똑같은 마방진인 거지.
오오~ 마방진이라…….
쳇! 내가 너무 복잡하게 생각했군.

근데, 미케아 부족은 고대 원시 부족인데 어떻게 이런 마방진을 알고 있을까?

생각해 보니 그러네.
그치? 뭔가가 안 맞는 느낌이야.

하지만 지금은 애거서를 구하러 가는 게 먼저 아닐까?
그렇지!

각 칸의 합이 15라고 했으니 15번 버튼을 눌러 보자!
꾸욱

쿠르르르ㅡ
좋았어! 열린다!

Quiz 정답

우끌리?
휙-
엇?
두둥!
아아앗!! 문을 지키는 사람들이 있었잖아?
낄라낄라! 우끌라라!!
파아앗
끼요아아앗!!

큰일 났다!!
우리도 잡혀가게 생겼다아!!
지이잉~
걱정 마! 여긴…….
스으윽
파앗
내가 맡을 테니까!!

크에엑!
크헉!
퍼
퍼벅!

콰당

자, 애들아 서두르자!
척─

우와아~ 셜록, 멋진데?
탁탁
탁─

척—
흐음~ 꽤나 과격한
녀석들이로군.
그러게~
빠직
포사가
이제까지
꼭대기에
루팡……
시끄릿!
포사가 무서워서
이제까지 바오밥나무
꼭대기에서 숨어 있던
루팡……
글쎄, 뭐랄까.
좀 익숙한 기운이
느껴진다고 할까?
그나저나 이과인.
여기 이곳 뭔가
이상하지 않아?
이상하다니,
뭐가?
일단은 녀석들을
쫓아가자. 다윗의 별이
뭔지 얼른 알아 내야지.
그렇군.
스윽

타앗
서두르자!!
다다다닷
애거서~
조금만 기다려!
우리가 간다!!

(자, 지금부터 의식을 거행하겠다!)
(신에게 제물을 바쳐 올해도 우리 부족의 번영과 풍년을 기원하겠다!)
쿠오오오
(저것이 올해 우리의 제물이다!)
응?!
척―
뭐야! 왜 날 보고 그렇게들 좋아하는 거야! 얼굴 이쁜 건 알아 가지고!
끼울랄라~ 끼울랄라~
우오오
당장 날 풀어 주지 않으면 내 친구들이 가만있지 않을 거라구!

응?!

스으윽

이봐, 꼬맹이!
너, 넌 그 표정이
대체 뭐야! 그 이상한
표정은 설마?

낄릴리라~
꼴깍

식인종?!
쿠쿵!

서, 설마 진짜 식인종일까? 아냐, 아닐 거야~
진짜 식인종은 산 채로 사람을 잡아 먹는다고 하던데……
덜덜덜~

아하
하하!
아니야~ 그럴 리가 없어!! 지금은 21세기 최첨단 스마트 시대라고!!
화륵

(자, 이제 본격적으로 제물을 바치는 의식을 거행하겠다!)
응? 불?!

휴우~ 다행이다. 불을 사용할 수 있다니 적어도 산 채로 잡아먹는 식인종은 아닌 것 같아.
먹더라도 불에 구워 먹겠지.
안도

컥! 불에 굽는다고?!
쿠궁!

(후후후훗, 꽤나 싱싱한 제물이구나. 신께서 좋아하실 거야.)
척─
아, 아저씨……. 그, 그거 왜 들고 오는 거예요?! 에이, 설마 아니죠?
아닌 거 맞죠? 불붙이려는 거 아니죠?
덜덜덜~
안 돼!!! 사람 살려!!! 꺄아아악!!!
뻑! 액!

타아앗

애거서!!! 우리가 왔다!!
이 녀석들! 애거서한테 무슨 짓을 하고 있는 거야!!
애들아!!!
파앗
초전자 요요!!!

촤아악

으아앗?!
차아악
아앗!!
크으윽!!
이게 뭐야!!
(흥! 훼방꾼들이
오셨군.)
깡깡~
안 돼!!!
으아악!!
몸을 움직일 수가
없어!

(신성한 의식을 방해한 녀석들이다! 의식이 끝나면 처리할 테니 잘 감시하도록!)
(알겠습니다!)

척
척-
야, 뭣들 하는 거야? 얼른 날 구해 줘야지!! 거기서 그러고 있으면 어떡해!

크으으윽! 애거서…….

(후후후훗~ 의식을 계속한다.)

털썩

쓰익
(하늘에 계신 만물신이시여! 우리 부족의 번영과 풍년을…….)
꺄아아악!!! 불 저리 치워요! 불붙어요!!
중얼
중얼
(만물신의 노여움을 잠재울 신선한 제물을 바치오니 부디 우리 부족을 잘 보살펴 주시옵소서!)
스으윽
애거서!!! 안 돼!!!
꺄아아아악!! 죽기 싫어!
125

설, 설마!
활활활~
불이야!
화르르
위기의 레인저 탐정단, 이대로 끝나는 걸까?
126

규칙을 찾아 문제 해결하기

E	9	8	7	6	5	4	3	2	1
D	9	8	7	6	5	4	3	2	1
C	9	8	7	6	5	4	3	2	1
B	9	8	7	6	5	4	3	2	1
A	9	8	7	6	5	4	3	2	1

(왼쪽) SCREEN (오른쪽)

셜록 : A1 좌석
애거서 : A2 좌석
왓슨 : C5 좌석

(1) 영화관 의자에서 찾을 수 있는 규칙입니다. □안에 알맞은 말을 써넣으시오.

뒤쪽으로 가면 [   ]는 같고, 다음 알파벳이 나옵니다.

(2) 으뜸이의 자리는 왓슨이 앉은 좌석의 앞줄 왼쪽입니다. 으뜸이가 앉아야 할 자리는 B열 몇 번입니까?

(   )

레인저 탐정단은 오랜만에 야구장을 찾았습니다.
야구장 좌석에는 어떤 규칙이 있을까요?

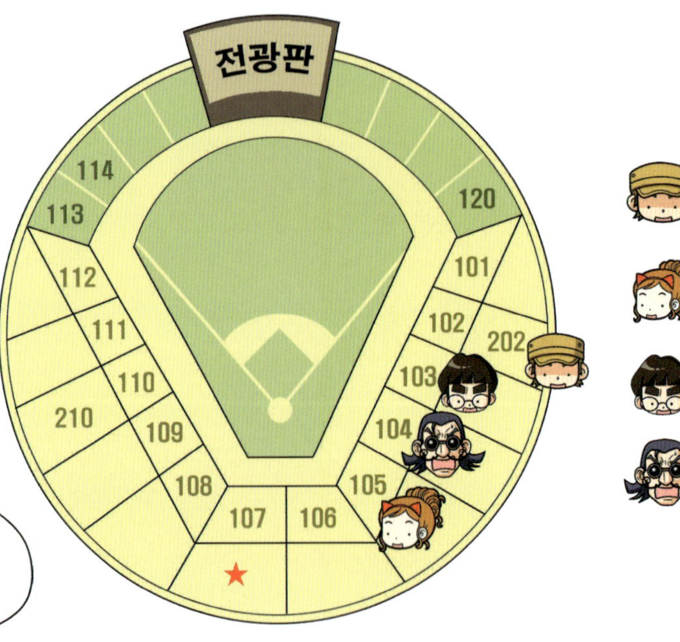

202번

105번

103번

104번

(1) 야구장의 좌석 배열을 보고, 알맞은 말에 ◯표 하시오.

> 좌석 번호는 가장 작은 수부터 (시계 방향, 시계 반대 방향)으로 커집
> 니다.

(2) 전광판이 있는 곳은 몇 번과 몇 번 사이입니까?

(   )

(3) 작가가 앉은 자리는 몇 번입니까?

(   )

(4) 왓슨이 앉으려는 자리는 ★표 한
곳입니다. ★표 한 곳은 몇 번입니까?

(   )

개념 스토리 1   곱셈표에서 규칙 알아보기

으뜸이가 가져온 캠핑카를 보고 화를 내긴 했지만 사실 애거서는 속으로 너무 좋아서 몰래 문을 열어보려고 해요.

1 빨간색 선으로 둘러싸인 수들을 얼마씩 커집니까?

(   )

2 빨간색 선으로 둘러싸인 수들과 규칙이 같은 세로줄을 찾아 색칠하여 보시오.

3 5의 단의 일의 자리 숫자들을 차례로 써 보시오.

(   )

4 5의 단의 일의 자리 숫자에는 어떤 규칙이 있습니까?

(   )

티피는 곱셈표를 아이들에게 보여 주고 있어요.

5 점선을 따라 접었을 때 ☆과 만나는 수에 ○표 하시오.

6 점선을 따라 접었을 때 ㉠과 ㉡은 서로 만납니다. ㉠, ㉡에 들어갈 수를 각각 쓰시오.

㉠ (   ), ㉡ (   )

7 곱셈표를 접었을 때 만나는 수들은 서로 같습니다. 이것으로 알 수 있는 사실을 쓴 것 중 □ 안에 알맞은 말을 써넣으시오.

▷ 곱셈에서 곱하는 두 수를 서로 바꾸어 곱해도 곱은 항상 ___________.

8 곱셈표의 곱의 일의 자리 숫자들을 살펴보고 규칙을 써 보시오.

⑴ 2의 단 : 2, 4, ___, 8이 나오고 0 다음에

　　　　　 다시 2, 4, ___, 8이 되풀이됩니다.

⑵ 5의 단 : 5, ___이 되풀이됩니다.

⑶ 9의 단 : ___씩 작아집니다.

개념 스토리 2 달력에서 규칙 찾기

일	월	화	수	목	금	토
	1	2	3	4	5	6
7	8	9	10	11	12	13
14	15	16	17	18	19	20
21	22	23	24	25	26	27
28	29	30	31			

- 1주일은 일요일, 월요일, 화요일, 수요일, 목요일, 금요일, 토요일입니다.
  ⇨ 1주일 = 7일
- 왼쪽 달력에서 목요일은 4일, 11일, 18일, 25일입니다.

괴테의 생일과 연주회가 있는 달의 달력이에요. 괴테를 위로하기 위해 아이들이 뭔가를 열심히 준비하고 있어요. (단, 이 달은 30일까지 있습니다.)

일	월	화	수	목	금	토
					1	2	3
4	5	6	7	8	9	10
11	12	13	14	15	16	17
18	19	20	21	22	23	24

9 괴테의 생일은 9일입니다. 생일부터 7일 후는 무슨 요일입니까?

(   )

10 연주회는 19일입니다. 연주회가 있는 날에서 7일 전은 무슨 요일입니까?

(   )

11 이 달의 목요일을 모두 쓰시오.

(   )

미케아 부족들이 풍년을 기원하며 비가 온 날을 조사한 달력의 일부분입니다.
(단, 이 달은 31일까지 있습니다.)

12 이 달의 1일은 무슨 요일입니까?

(   )

13 둘째 주 금요일에 비가 왔습니다. 비가 온 날은 며칠입니까?

(   )

14 비가 온 날로부터 9일 후에 제물을 바치기로 했습니다. 이 날은 무슨 요일입니까?

(   )

15 마케아 부족은 금요일마다 마을 청소를 합니다. 이 달에는 마을 청소를 몇 번 하겠습니까?

(   )

16 다음 달 1일은 무슨 요일입니까?

(   )

개념 스토리 3 규칙을 찾아 문제 해결하기

크레이지 베어의 똥방망이는 일정한 규칙에 따라 색깔이 변합니다.
열세 번째에는 어떤 색인지 알아보시오.

17 어떤 규칙으로 똥방망이의 색깔이 변하는지 ☐ 안에 알맞은 말을 써넣으시오.

☐ – ☐ – ☐ – ☐ 이 되풀이되고 있습니다.

18 열세 번째에 똥방망이는 어떤 색깔입니까?

(   )

19 애거서의 아버지는 다음과 같이 바둑돌을 놓으셨습니다. 네 번째에 놓여야 할
바둑돌은 모두 몇 개입니까?

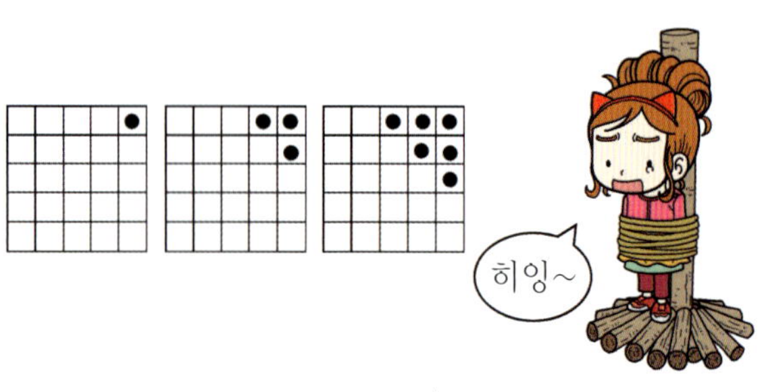

(   )

🌱 마다가스카르에 망토를 입고 간 루팡은 후회하게 되었어요. 이과인에게 다른 옷을 준비할 것을 부탁했어요. 물음에 답하시오. (**20~21**)

20 이과인이 준비한 옷을 놓은 규칙을 쓰시오.

조끼를 ☐ 개씩, 민소매 티셔츠를 ☐ 개씩 번갈아 가며 놓았습니다.

21 이과인이 열 번째에 놓아야 하는 옷은 무엇입니까?

(   )

1 월드컵 경기장 앞에 여러 나라들의 국기가 휘날리고 있습니다. 우리나라 국기는 왼쪽에서 일곱째 번이고, 오른쪽에서 열째 번입니다. 경기장 앞에 있는 국기는 모두 몇 개입니까?

(   )

2 야구장 매표소에 30명의 사람이 줄을 서 있습니다. 진원이는 앞에서 다섯째 번에 서 있고, 진원이 친구인 준형이는 뒤에서 열둘째 번에 서 있습니다. 진원이와 준형이 사이에 서 있는 사람은 모두 몇 명입니까?

(   )

정답은 144쪽에
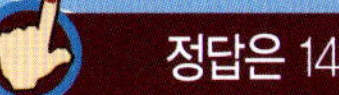

3 8명의 선수가 올림픽 수영 200m 결승전에서 준비를 하고 있습니다. 박태환 선수는 왼쪽에서 넷째 번이고, 펠퍼드 선수는 오른쪽에서 둘째 번입니다. 박태환 선수와 펠퍼드 선수 사이에 있는 선수는 모두 몇 명입니까?

( )

4 민모네 반 학생들의 점심시간입니다. 배식을 하고 있는 학생이 4명, 식사를 하고 있는 학생이 7명, 나머지는 배식을 받기 위하여 한 줄로 줄을 서 있습니다. 민모는 앞에서 여섯째, 뒤에서 아홉째 번에 서 있습니다. 민모네 반 학생들은 모두 몇 명입니까?

( )

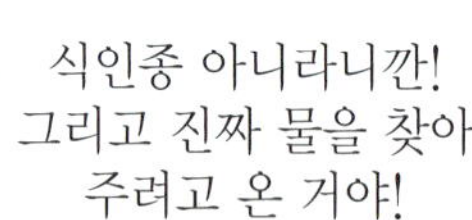

*국화 : 한 나라를 상징하는 꽃

*포충식물 : 벌레잡이 식물

나그네 나무는 최대 2리터의 물까지 보관할 수 있단다.
야, 셜록! 너 혼자만 먹을 거야?!
콸콸~
우와아아! 물이다, 물!

얼래? 이 식물은 뭐지? 왠지 *포충식물 같은 느낌이 드는데……
츄리릿
아얏?!

이 식물은 네펜데스라고 해. 실제로 곤충을 잡아먹어.
허우적
허우적
으아아아!! 사람 살려!!

하지만 걱정 마. 사람을 잡아먹지는 않고 새 정도만 잡아 먹으니까.
두근
두근

그리고 포르기네이라고 불리우는 거대 식물은 큰 동물도 잡아 먹을 수 있대.
두둥!
크으윽~ 이 냄새는 뭐죠?!
포르기네이는 엄청난 악취로 먹잇감을 실신시켜서 잡아먹는대. 그러니까 조심해야 돼.
쏴아아아

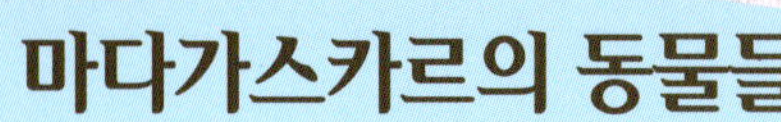

*레드 리스트 : 멸종 위기의 동물 명단을 만들어 발표하는 안내 책자

*피그미 카멜레온 - 몸 길이가 2~3cm이고 활동 반경도 10cm밖에 안되는 희귀종

*방사거북 - 아름다운 방사 모양의 등을 가진 거북

*토마토 개구리 - 마다가스카르에만 사는 붉은색 개구리이며 독을 가지고 있다.

1화 개념 체크 46~47쪽

퀴즈 1

+	1	3	5	7	9	11	13	15
1	2	4	6	8	10	12	14	16
3	4	6	8	10	12	14	16	18
5	6	8	10	12	14	16	18	20
7	8	10	12	14	16	18	20	22
9	10	12	14	16	18	20	22	24
11	12	14	16	18	20	22	24	26
13	14	16	18	20	22	24	26	28
15	16	18	20	22	24	26	28	30

퀴즈 2

×	1	2	3	4	5	6	7	8	9
1	1	2	3	4	5	6	7	8	9
2	2	4	6	8	10	12	14	16	18
3	3	6	9	12	15	18	21	24	27
4	4	8	12	16	20	24	28	32	36
5	5	10	15	20	25	30	35	40	45
6	6	12	18	24	30	36	42	48	54
7	7	14	21	28	35	42	49	56	63
8	8	16	24	32	40	48	56	64	72
9	9	18	27	36	45	54	63	72	81

풀이

1 색칠한 부분의 가로와 세로의 수를 더하여 두 수가 만나는 곳에 써넣습니다.

2 색칠한 부분의 가로와 세로의 수를 곱하여 두 수가 만나는 곳에 써넣습니다.

2화 개념 체크 94~95쪽

퀴즈 1 예 8씩 커지는 규칙이 있습니다.

퀴즈 2 토요일

풀이

1 달력에 표가 되어있는 숫자는 4, 12, 20, 28이므로 8씩 커지는 규칙이 있습니다.

2 요일은 7일마다 되풀이됩니다. 4일이 토요일이므로 11일, 18일, 25일은 토요일입니다.

3화 개념 체크 127~129쪽

퀴즈 1 (1) 숫자 (2) 6번

퀴즈 2 (1) 시계 방향에 ○표

(2) 116번과 117번 사이

(3) 204번 (4) 207번

풀이

1 (1) 영화관 의자가 놓인 규칙은 뒤쪽으로 가면 숫자는 같으나 알파벳은 다음 알파벳이 나오는 것입니다.

(2) 으뜸이의 자리는 왓슨이 앉은 C열 5번 좌석의 앞줄 왼쪽이므로 B열 6번입니다.

2 (2) 114번부터 120번까지 순서대로 써 보면 전광판이 있는 곳은 116번과 117번 사이입니다.

(3) 스튜어트 박사의 자리가 104번이므로, 박사의 바로 뒷줄인 작가의 자리는 204번입니다.

(4) 107번의 뒷줄이므로 207번입니다.

스토리텔링 문제 130~135쪽

1 8씩

2

×	1	2	3	4	5	6	7	8	9
1	1	2	3	4	5	6	7	8	9
2	2	4	6	8	10	12	14	16	18
3	3	6	9	12	15	18	21	24	27
4	4	8	12	16	20	24	28	32	36
5	5	10	15	20	25	30	㉠	40	45
6	6	12	18	24	30	36	42	48	54
7	7	14	21	28	㉡	42	49	56	63
8	8	16	24	32	40	48	56	64	72
9	9	18	27	36	45	54	63	72	81

3 5, 0, 5, 0, 5, 0, 5, 0, 5

4 예 5와 0이 되풀이됩니다.

5 28에 ○표   **6** 48, 48

7 같습니다.   **8** ⑴ 6, 6 ⑵ 0 ⑶ 1

9 금요일   **10** 월요일

11 1일, 8일, 15일, 22일, 29일

12 수요일   **13** 10일

14 일요일   **15** 5번

16 토요일

17 빨간색, 노란색, 노란색, 파란색

18 빨간색

19 10개

20 2, 2

21 조끼

풀이

1 8의 단 곱셈구구의 곱이므로 8씩 커집니다.

2 세로줄에서 8의 단 곱셈구구의 곱을 찾아 색칠합니다.

3 5의 단 곱셈구구를 써 보면 5, 10, 15, 20, 25, 30, 35, 40, 45이므로 일의 자리 숫자들을 차례로 써 보면 5, 0, 5, 0, 5, 0, 5, 0, 5입니다.

5 ☆=7×4=28과 접었을 때 만나는 수는 4×7=28입니다.

6 ㉠=8×6=48
㉡=6×8=48

7 곱셈에서 곱하는 두 수를 서로 바꾸어 곱해도 곱은 항상 같습니다

8 2의 단
2, 4, 6, 8, 10, 12, 14, 16, 18
5의 단
5, 10, 15, 20, 25, 30, 35, 40, 45
9의 단
9, 18, 27, 36, 45, 54, 63, 72, 81

9 괴테의 생일인 9일은 금요일이고 7일 후는 같은 요일인 금요일입니다.

10 연주회가 있는 19일은 월요일이고, 같은 요일은 7일마다 반복되므로 7일 전은 같은 요일인 월요일입니다.

11 주어진 달력에는 24일까지만 있으므로 22+7=29(일)이 마지막 목요일입니다. 따라서 이 달의 목요일을 모두 써 보면 1일, 8일, 15일, 22일, 29일입니다.

12 1+7=8(일)이고, 8일은 수요일이므로 1일도 수요일입니다.

13 첫째 주 금요일은 3일이므로 둘째 주 금요일은 10일입니다.

14 7일 후는 금요일이고, 금요일에서 2일 후는 토, 일이므로 일요일입니다.

15 이 달의 금요일은 3일, 3+7=10(일), 10+7=17(일), 17+7=24(일), 24+7=31(일)로 모두 5번 있습니다.

16 이 달의 마지막 날인 31일의 요일은 31−7=24(일), 24−7=17(일)이므로 금요일입니다. 따라서 다음 달 1일의 요일은 금요일 다음인 토요일입니다.

18 빨간색 − 노란색 − 노란색 − 파란색의 순서로 되풀이되므로 13번째는 첫 번

째와 같은 빨간색입니다.

19 첫 번째에 1개, 두 번째에 $(1+2)$개, 세 번째에 $(1+2+3)$개, ……로 늘어나는 규칙이므로 네 번째에 놓일 바둑돌은 모두 $1+2+3+4=10$(개)입니다.

21 조끼, 조끼, 민소매 티셔츠, 민소매 티셔츠가 되풀이되므로 열 번째에는 두 번째와 같은 옷이 놓이게 됩니다.

두뇌킹 퀴즈 · 136~137쪽

1 16개	**2** 13명
3 2명	**4** 25명

풀이

1 경기장 앞에 있는 국기는 우리나라 국기 왼쪽에 6개가 있고 오른쪽에 9개가 있으므로 모두 $6+1+9=16$(개)입니다.

2 진원이와 준형이 사이에 서 있는 사람은 $30-5-12=13$(명)입니다.

3 박태환 선수와 펠퍼드 선수 사이에 있는 선수는 $8-4-2=2$(명)입니다.

4 민모네 반 학생은 배식을 하고 있는 학생 4명, 식사를 하고 있는 학생 7명, 줄 서 있는 학생은 14명입니다. 따라서 민모네 반 학생은 모두 $4+7+14=25$(명)입니다.

으뜸이가 알려주는
비하인드 스토리